Florian Ion PETRESCU &
Relly Victoria PETRESCU

ECHILIBRAREA
MOTOARELOR
TERMICE

-USA 2012-

Scientific reviewer:

Dr. Veturia CHIROIU
Honorific member of
Technical Sciences Academy of Romania (ASTR)
PhD supervisor in Mechanical Engineering

Copyright
Title book: Echilibrarea motoarelor termice
Author book: Florian Ion T. PETRESCU

© 2001-2012, Florian Ion T. PETRESCU
petrescuflorian@yahoo.com

ISBN 978-1-4811-2948-0

ECHILIBRĂRI STATICE ŞI DINAMICE

1. ECHILIBRAREA UNUI MOTOR ÎN LINIE CU UN DECALAJ AL MANIVELEI DE 180 [DEG]

Motoarele termice cu ardere internă în linie (fie că lucrează în patru timpi, ori în doi timpi, motoare de tip Otto, Diesel, sau Lenoir) sunt în general cele mai utilizate.

Problema echilibrării lor este una extrem de importantă pentru buna lor funcţionare.

Există două tipuri de echilibrări posibile: statice şi dinamice.

Echilibrarea statică (totală) face ca suma forţelor inerţiale dintr-un mecanism să fie zero. Există însă şi echilibrări statice parţiale.

Echilibrarea dinamică înseamnă anularea tuturor momentelor (sarcinilor) inerţiale din mecanism.

Un tip constructiv de motoare în linie este cel cu decalajul dintre manivele de 180 grade sexazecimale.

La acest tip de motoare (indiferent de poziţionarea lor, care este cel mai adesea verticală) pentru doi cilindri motori avem o dezechilibrare statică parţială (altfel spus există o echilibrare statică parţială) şi o dezechilibrare dinamică.

În figura 1 este prezentată schema cinematică a unui astfel de mecanism de la un motor în linie cu doi cilindri, cu decalajul manivelei de 180 [deg].

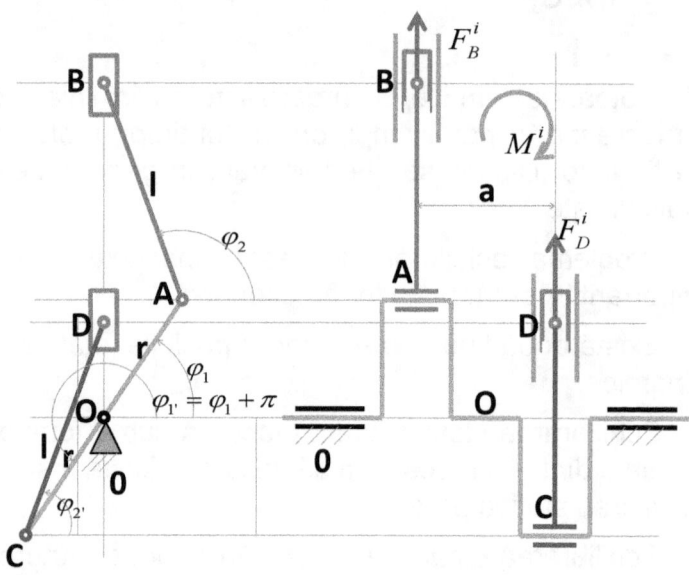

Fig. 1. *Schema cinematică a unui motor în linie cu doi cilindri verticali, cu decalajul manivelei de 180 [deg]*

Putem scrie relaţiile (1).

$$\left\{ \begin{array}{l}
s_B = r \cdot \sin \varphi_1 + l \cdot \sin \varphi_2 ; \quad \ddot{s}_B = -r \cdot \sin \varphi_1 \cdot \omega_1^2 - l \cdot \sin \varphi_2 \cdot \omega_2^2 \\[4pt]
F = F_B^i = -m_p \cdot \ddot{s}_B = m_p \cdot r \cdot \sin \varphi_1 \cdot \omega_1^2 + m_p \cdot l \cdot \sin \varphi_2 \cdot \omega_2^2 \\[8pt]
\sin \left(\varphi_1 + \pi \right) = -\sin \varphi_1; \quad \sin \varphi_{2'} = \sin \varphi_2 \\[8pt]
s_D = r \cdot \sin \left(\varphi_1 + \pi \right) + l \cdot \sin \varphi_{2'} \\[6pt]
\ddot{s}_D = -r \cdot \sin \left(\varphi_1 + \pi \right) \cdot \omega_1^2 - l \cdot \sin \varphi_{2'} \cdot \omega_2^2 = \\[4pt]
\quad = r \cdot \sin \varphi_1 \cdot \omega_1^2 - l \cdot \sin \varphi_2 \cdot \omega_2^2 \\[8pt]
F_D^i = -m_p \cdot \ddot{s}_D = -m_p \cdot r \cdot \sin \varphi_1 \cdot \omega_1^2 + m_p \cdot l \cdot \sin \varphi_2 \cdot \omega_2^2 \\[8pt]
M^i = a \cdot m_p \cdot r \cdot \sin \varphi_1 \cdot \omega_1^2
\end{array} \right.$$

(1)

Părţile din relaţiile forţelor F_B^i si F_D^i care sunt egale în modul dar au semne contrare se anulează reciproc producând o echilibrare statică (parţială) a motorului. Celelalte două părţi din expresiile forţelor care au acelaşi semn, deşi sunt egale nu se anulează reciproc ci dimpotrivă se adună, producând o dezechilibrare statică (parţială) a motorului.

5

Pe de altă parte părţile egale pozitive din cele două forţe nu dau moment deci produc o echilibrare dinamică (parţială) a motorului. În schimb tocmai părţile din cele două forţe care sunt egale în modul dar au semne contrare, deşi se anulează ca forţe (static), dau un moment (o sarcină) negativă care dezechilibrează (parţial) dinamic motorul.

Soluţia adoptată pentru echilibrarea totală dinamică a unui astfel de motor este cea a dublării motorului în oglindă, astfel încât să se obţină un motor în linie decalat la manivele cu 180 [deg] în patru cilindri.

2. ECHILIBRAREA UNUI MOTOR ÎN LINIE CU UN DECALAJ AL MANIVELEI DE 120 [DEG]

Un alt tip constructiv de motoare în linie este cel cu decalajul dintre manivele de 120 grade sexazecimale.

La acest tip de motoare (indiferent de poziţionarea lor, care este cel mai adesea verticală) pentru trei cilindri motori avem o dezechilibrare statică parţială (altfel spus există o echilibrare statică parţială) şi o dezechilibrare dinamică.

În figura 1 este prezentată schema cinematică a unui astfel de mecanism de la un motor în linie cu trei cilindri, cu decalajul manivelei de 120 [deg].

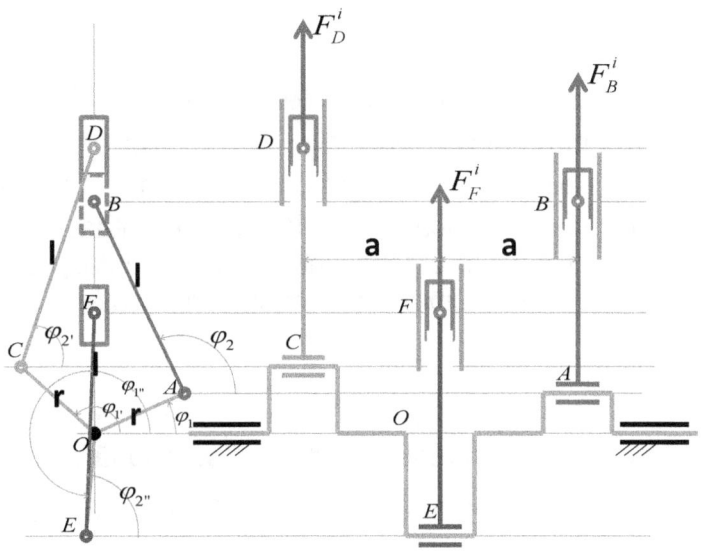

Fig. 1. *Schema cinematică a unui motor în linie cu trei cilindri verticali, cu decalajul manivelei de 120 [deg]*

Putem scrie relaţiile (1).

Prima componentă a forţei F_B^i se anulează cu prima componentă a celorlalte două forţe F_D^i şi F_F^i, deci se produce o echilibrare statică (parţială), dar aceste prime componente dau un moment dinamic, deci avem deja o dezechilibrare dinamică.

A doua componentă a forţei F_D^i este egală şi de semn contrar celei de-a doua componente a forţei F_F^i, ele anulându-se reciproc, şi generând astfel tot o echilibrare statică (parţială) suplimentară, dar producând şi un moment dinamic suplimentar, care produce o dezechilibrare dinamică suplimentară.

A doua componentă a forţei F_B^i se adună cu cea de-a treia componentă a celorlalte două forţe F_D^i şi F_F^i.

Ele produc o dezechilibrare statică, şi dau şi un moment dinamic producând totodată şi o dezechilibrare dinamică.

8

$$\begin{cases}
s_B = r \cdot \sin \varphi_1 + l \cdot \sin \varphi_2; \quad \ddot{s}_B = -r \cdot \sin \varphi_1 \cdot \omega_1^2 - l \cdot \sin \varphi_2 \cdot \omega_2^2 \\[2mm]
F = F_B^i = -m_p \cdot \ddot{s}_B = m_p \cdot r \cdot \sin \varphi_1 \cdot \omega_1^2 + m_p \cdot l \cdot \sin \varphi_2 \cdot \omega_2^2 \\[6mm]

s_D = r \cdot \sin \left(\varphi_1 + \dfrac{2\pi}{3} \right) + l \cdot \sin \varphi_{2'} \\[4mm]
\ddot{s}_D = -r \cdot \sin \left(\varphi_1 + \dfrac{2\pi}{3} \right) \cdot \omega_1^2 - l \cdot \sin \varphi_{2'} \cdot \omega_2^2 = \\[4mm]
\quad = 0.5 \cdot r \cdot \sin \varphi_1 \cdot \omega_1^2 - 0.866 \cdot r \cdot \cos \varphi_1 \cdot \omega_1^2 - l \cdot \sin \varphi_{2'} \cdot \omega_2^2 \\[6mm]

F_D^i = -m_p \cdot \ddot{s}_D = -0.5 \cdot m_p \cdot r \cdot \sin \varphi_1 \cdot \omega_1^2 + \\[2mm]
\quad + 0.866 \cdot m_p \cdot r \cdot \cos \varphi_1 \cdot \omega_1^2 + m_p \cdot l \cdot \sin \varphi_{2'} \cdot \omega_2^2 \\[6mm]

s_F = r \cdot \sin \left(\varphi_1 - \dfrac{2\pi}{3} \right) + l \cdot \sin \varphi_{2''} \\[4mm]
\ddot{s}_F = -r \cdot \sin \left(\varphi_1 - \dfrac{2\pi}{3} \right) \cdot \omega_1^2 - l \cdot \sin \varphi_{2''} \cdot \omega_2^2 = \\[4mm]
\quad = 0.5 \cdot r \cdot \sin \varphi_1 \cdot \omega_1^2 + 0.866 \cdot r \cdot \cos \varphi_1 \cdot \omega_1^2 - l \cdot \sin \varphi_{2''} \cdot \omega_2^2 \\[6mm]

F_F^i = -m_p \cdot \ddot{s}_F = -0.5 \cdot m_p \cdot r \cdot \sin \varphi_1 \cdot \omega_1^2 - \\[2mm]
\quad - 0.866 \cdot m_p \cdot r \cdot \cos \varphi_1 \cdot \omega_1^2 + m_p \cdot l \cdot \sin \varphi_{2''} \cdot \omega_2^2
\end{cases}$$

$$(1)$$

Adoptând soluţia unui motor dublat simetric, în oglindă, (un motor cu şase cilindri în linie cu manivele decalate la 120 [deg]) reuşim o echilibrare dinamică totală (o anulare a tuturor momentelor date de forţele de inerţie), şi o echilibrare statică (parţială) a două treimi din forţele inerţiale totale, echilibrare care oricum este superioară celei de la motoarele în linie cu un decalaj (defazaj) al manivelelor de 180 [deg].

Observaţii:

Construind în mod similar motoare în linie, cu mai mulţi cilindri, având decalajele la manivelă tot mai mici, se obţin prin dublarea numărului de cilindri în oglindă, motoare liniare echilibrate dinamic total, şi static parţial din ce în ce mai bine.

Astfel la un motor liniar cu cinci cilindri cu decalajul dintre manivele de 720/5=72 [deg], se obţine o echilibrare statică parţială superioară, iar prin dublarea motorului simetric, în oglindă, construind un motor liniar cu zece cilindri, se obţine o echilibrare statică parţială superioară, şi una dinamică totală.

Şi tot aşa, dar deja cerinţele constructive şi tehnologice devin apoi tot mai dificile.

La motoarele în V nu se poate realiza nici o echilibrare statică totală, dar nici măcar una dinamică totală.

Pentru o ameliorare a dinamicii acestor motoare de randamente superioare, vezi cinematica dinamică și condițiile de alegere a unghiului alpha constructiv, de la paragraful (2.5.).

Soluția cea mai completă de echilibrare a unui motor termic cu ardere internă este cea cu cilindri în linie opuși (boxeri). Pentru doi cilindri opuși se obține o echilibrare statică totală (a forțelor de inerție), iar prin dublarea constructivă, simetric, în oglindă, a numărului de cilindri, pentru un motor boxer cu patru cilindri, opuși doi câte doi, se obține și echilibrarea dinamică totală (a momentelor date de forțele inerțiale) împreună cu echilibrarea statică totală.

3. ECHILIBRAREA UNUI MOTOR ÎN LINIE CU CILINDRI OPUȘI (BOXERI)

Un alt tip constructiv de motoare în linie este cel cu cilindri opuși, denumiți cilindri „boxeri".

La acest tip de motoare (indiferent de poziționarea lor, care este cel mai adesea verticală) pentru doi cilindri motori avem o echilibrare statică totală și o dezechilibrare dinamică.

În figura 1 este prezentată schema cinematică a unui astfel de mecanism de la un motor în linie cu doi cilindri opuși (boxeri).

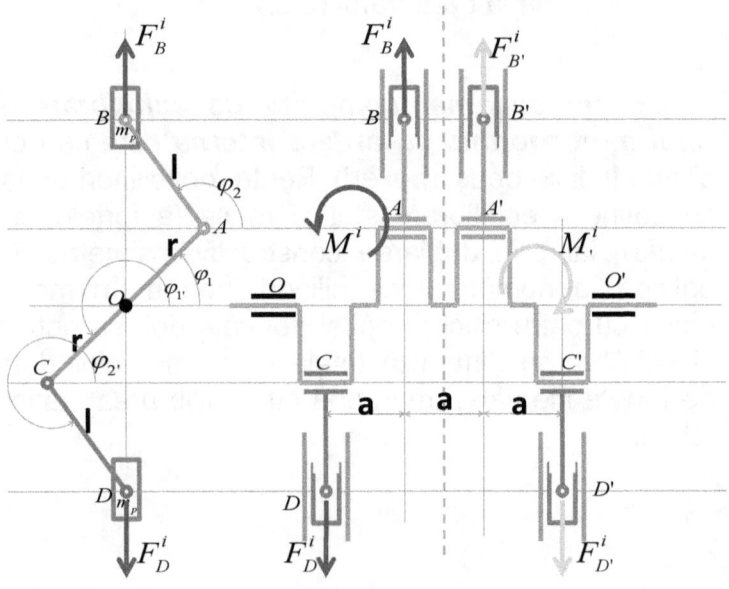

Fig. 1. *Schema cinematică a unui motor în linie cu doi cilindri opuşi (boxeri), dublat apoi în oglindă se obţine un motor termic cu ardere internă cu patru cilindri opuşi doi câte doi*

Relaţiile de calcul sunt prezentate în sistemul (1).

$$\begin{cases}
s_B = r \cdot \sin \varphi_1 + l \cdot \sin \varphi_2; \quad \ddot{s}_B = -r \cdot \sin \varphi_1 \cdot \omega_1^2 - l \cdot \sin \varphi_2 \cdot \omega_2^2 \\
F = F_B^i = -m_p \cdot \ddot{s}_B = m_p \cdot r \cdot \sin \varphi_1 \cdot \omega_1^2 + m_p \cdot l \cdot \sin \varphi_2 \cdot \omega_2^2 \\
\\
\\
\sin(\varphi_1 + \pi) = -\sin \varphi_1; \quad \sin(\varphi_2 + \pi) = -\sin \varphi_2 \\
s_D = r \cdot \sin(\varphi_1 + \pi) + l \cdot \sin(\varphi_2 + \pi) \\
\ddot{s}_D = -r \cdot \sin(\varphi_1 + \pi) \cdot \omega_1^2 - l \cdot \sin(\varphi_2 + \pi) \cdot \omega_2^2 = \\
= r \cdot \sin \varphi_1 \cdot \omega_1^2 + l \cdot \sin \varphi_2 \cdot \omega_2^2 = -\ddot{s}_B \\
\\
\\
F_D^i = -m_p \cdot \ddot{s}_D = m_p \cdot \ddot{s}_B = -F_B^i = -F = \\
= -m_p \cdot r \cdot \sin \varphi_1 \cdot \omega_1^2 - m_p \cdot l \cdot \sin \varphi_2 \cdot \omega_2^2 \\
\\
\\
F_D^i + F_B^i = 0 \quad dar \quad M^i \neq 0 \quad M^i = a \cdot F_B^i = -a \cdot m_p \cdot \ddot{s}_B \Rightarrow \\
\Rightarrow M^i = a \cdot m_p \cdot r \cdot \sin \varphi_1 \cdot \omega_1^2 + a \cdot m_p \cdot l \cdot \sin \varphi_2 \cdot \omega_2^2 \\
\\
\\
\\
La \quad motorul \quad dublat \quad in \quad oglinda \quad avem : \\
\sum F^i = 0 \\
\sum M^i = 0
\end{cases}$$

(1)

Acest tip de motor cu doi cilindri boxeri este echilibrat static total (face ca suma forțelor de inerție să se anuleze).

El este dezechilibrat doar dinamic (are un moment inerțial diferit de zero), dar poate fi echilibrat și dinamic prin adăugarea a încă doi cilindri (prin simetrizarea în oglindă) boxeri (vezi figura 1).

Deși pare să aibă un gabarit mai mare, totuși la numai patru cilindri (opuși doi câte doi) acest tip de motor termic cu ardere internă este echilibrat practic total atât static cât și dinamic.

Primul inginer care a patentat un motor boxer a fost germanul Karl Benz, care a prezentat un astfel de brevet al unui motor boxer (vezi figura 2) în anul 1896.

În 1923 Max Friz proiectează și construiește un motor BMW boxer de 500 cc, care se mai produce și utilizează și astăzi, datorită puterii sale, a consumului său redus și mai ales echilibrării statice și dinamice totale.

Mai utilizează motoare boxer concernul german Volkswagen, evident concernul german BMW, cel francez Citroen, divizia Chevrolet a concernului american GM (divizie creată în america de elvețianul Louis Chevrolet în 30-mai-1911, împreună cu William Durant, deținătorul companiei Buick din cadrul concernului General Motors), diviziile Lancia

14

şi Ferrari din cadrul concernului italian FIAT, concernele nipone Honda şi Subaru, cât şi fostul concern german Porsche, actualmente el fiind o divizie majoră în cadrul megaconcernului german VW.

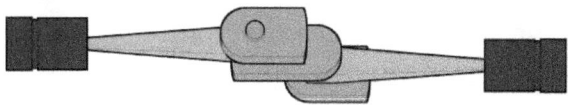

Fig. 2. *Schema cinematică a unui motor în linie cu doi cilindri opuşi (boxeri), patentat pentru prima oară în 1896, de inginerul german Karl Benz*

Un motor tot cu echilibrare totală statică şi dinamică similar oarecum boxerului, este motorul termic cu ardere internă cu cilindri opuşi (cu pistoane opuse; vezi figura 3).

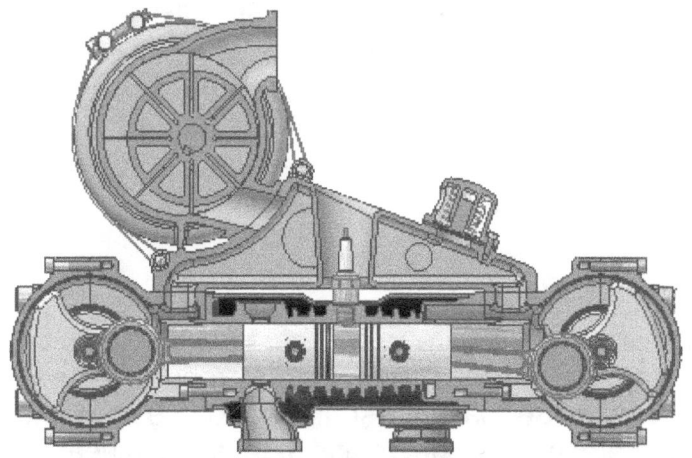

Fig. 3. *Schema cinematică a unui motor cu doi cilindri opuşi*

15

4. ECHILIBRAREA MASELOR CONCENTRATE ÎN MIŞCARE DE ROTAŢIE

Un alt tip de echilibrare este cel al maselor concentrate aflate în mişcare de rotaţie. Arborii principali ai motoarelor termice se echilibrează după acest model.

Se consideră mai multe mase prinse de un arbore aflat în mişcare de rotaţie. Masele se rotesc şi ele odată cu arborele. Pot fi mase punctiforme, sfere, corpuri, etc, oricum vom considera nişte sfere fiecare din ele având masa concentrată în centrul de greutate, conform figurii 1.

Masele sunt prinse de arborele aflat în mişcare de rotaţie prin diverşi suporţi, dar teoria va considera doar distanţele de la centrul fiecărei sfere până la axa arborelui. Punctele în care cad perpendicularele duse de la centrul fiecărei sfere la axa arborelui se notează cu 1, 2, 3, ...i, ... n.

Prin aceste picioare se duc paralele la axa absciselor, de la care se măsoară unghiurile pe care le fac distanţele respective în raport cu axele orizontale. Se măsoară şi distanţele acestor puncte măsurate pe axa de rotaţie faţă de originea O a sistemului cartezian xOyz (vezi figura 1).

16

$$\begin{cases} \displaystyle\sum_{j=1}^{n} \left(F_j^{\,i} \cdot b_j \cdot \sin \varphi_j \right) + F_{II}^{\,i} \cdot b \cdot \sin \varphi_{II} = 0 \\[2mm] \displaystyle\sum_{j=1}^{n} \left(F_j^{\,i} \cdot b_j \cdot \cos \varphi_j \right) + F_{II}^{\,i} \cdot b \cdot \cos \varphi_{II} = 0 \\[2mm] \displaystyle\sum_{j=1}^{n} \left[F_j^{\,i} \cdot \left(b - b_j \right) \cdot \sin \varphi_j \right] + F_I^{\,i} \cdot b \cdot \sin \varphi_I = 0 \\[2mm] \displaystyle\sum_{j=1}^{n} \left[F_j^{\,i} \cdot \left(b - b_j \right) \cdot \cos \varphi_j \right] + F_I^{\,i} \cdot b \cdot \cos \varphi_I = 0 \end{cases}$$

(1)

Se scriu sumele momentelor date de forţele de inerţie ale maselor concentrate în raport cu axele Ox, Oy, O'x', respectiv O'y' (sistemul 1).

Rezolvarea sistemului (1) se face cu formulele date de sistemul (2) (altfel spus soluţiile sistemului 1 sunt date de sistemul 2).

$$
\left\{
\begin{aligned}
&F_I^i = \frac{1}{b} \cdot \sqrt{\left\{\sum_{j=1}^{n}\left[F_j^i\left(b - b_j\right)\sin \varphi_j\right]\right\}^2 + \left\{\sum_{j=1}^{n}\left[F_j^i\left(b - b_j\right)\cos \varphi_j\right]\right\}^2} \\[2em]
&F_{II}^i = \frac{1}{b} \cdot \sqrt{\left[\sum_{j=1}^{n}\left(F_j^i \cdot b_j \cdot \sin \varphi_j\right)\right]^2 + \left[\sum_{j=1}^{n}\left(F_j^i \cdot b_j \cdot \cos \varphi_j\right)\right]^2} \\[2em]
&\sin \varphi_I = - \frac{\sum_{j=1}^{n}\left[F_j^i \cdot \left(b - b_j\right) \cdot \sin \varphi_j\right]}{F_I^i \cdot b}; \quad \cos \varphi_I = - \frac{\sum_{j=1}^{n}\left[F_j^i \cdot \left(b - b_j\right) \cdot \cos \varphi_j\right]}{F_I^i \cdot b} \\[1em]
&\varphi_I = semn\left(\sin \varphi_I\right) \cdot \arccos\left(\cos \varphi_I\right) \\[2em]
&\sin \varphi_{II} = - \frac{\sum_{j=1}^{n}\left(F_j^i \cdot b_j \cdot \sin \varphi_j\right)}{F_{II}^i \cdot b}; \quad \cos \varphi_{II} = - \frac{\sum_{j=1}^{n}\left(F_j^i \cdot b_j \cdot \cos \varphi_j\right)}{F_{II}^i \cdot b} \\[2em]
&\varphi_{II} = semn\left(\sin \varphi_{II}\right) \cdot \arccos\left(\cos \varphi_{II}\right)
\end{aligned}
\right.
$$

(2)

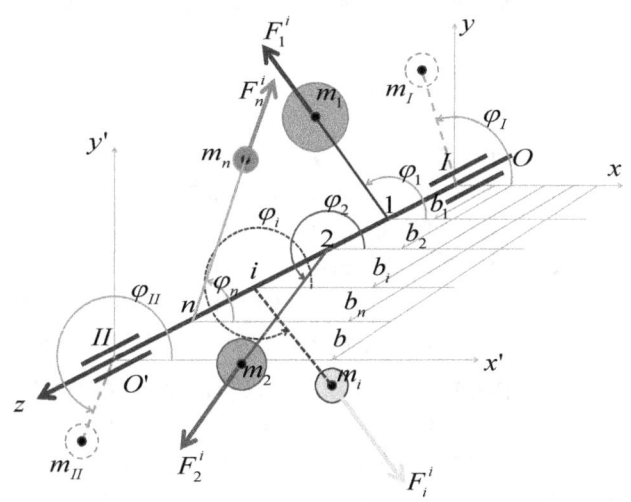

Fig. 1. *Mase rotative concentrate într-un punct*

Similar cu modelul maselor concentrate aflate în mişcare de rotaţie, se rezolvă şi echilibrarea arborilor aflaţi în mişcare de rotaţie.

Bibliografie

[1] **Antonescu P.**, *Mecanisme, calculul structural şi cinematic,* Editura IPB, Bucureşti, 1979.

[2] **Artobolevski, I.I.**, *Teoria mecanismelor şi a maşinilor,* Proceedings of 8th Editura Ştiinţa, Chişinău, 1992.

[3] **Pelecudi, Chr., ş.a.**, Mecanisme, Editura Didactică şi Pedagogică, Bucureşti, 1985.

5. ECHILIBRAREA MOTOARELOR ÎN V

Motoarele în V sunt dificil de echilibrat, deoarece au doi cilindri cu două pistoane pe acelaşi fus maneton. Fiecare din ele trage pe direcţia lui şi produce forţe şi momente de inerţie pe direcţii total diferite situate în plane diferite, foarte greu de echilibrat chiar şi parţial, atât static cât şi dinamic.

Totuşi pentru o echilibrare dinamică parţială se montează motoarele în V cu trei sau cinci fusuri manetoane (şase respectiv zece cilindri), astfel încât să se producă o echilibrare dinamică parţială, soluţia fiind cea clasică în oglindă; se pot încă utiliza multipli ai acestor soluţii, deşi mai judicioasă ar fi tot dublarea. Astfel putem avea de la trei fusuri manetoane la şase, nouă, doisprezece, optsprezece, etc, sau de la cinci la zece fusuri, cinsprezece, sau douăzeci. Cele mai judicioase soluţii fiind cele cu trei sau cinci fusuri manetoane, sau vorbind în cilindri, şase cilindrii, doisprezece, zece, douăzeci.

Există însă şi soluţii constructive cu 8 sau 16 cilindrii în V, acestea însă fiind practic total dezechilibrate (atât static cât şi dinamic), produc vibraţii şi zgomote extrem de mari, având în funcţionare efecte negative asupra şoferului vehiculului respectiv dar şi asupra călătorilor.

Pentru o mai bună funcţionare a motoarelor în V (care au randamente mari) se propune reglarea constructivă a unghiului alfa.

DESIGNUL MOTOARELOR ÎN V

5.1. Sinteza motorului în V în funcţie de unghiul alfa

Sinteza cinematică şi dinamică a motoarelor în V se poate face în funcţie de unghiul constructiv alfa (α).

Acest unghi constructiv alfa (vezi figura 1) a fost ales în general după diferite criterii sau cerinţe constructive (unghiul V-ului este determinat de numărul de cilindri şi de condiţia de obţinere a aprinderilor uniform repartizate).

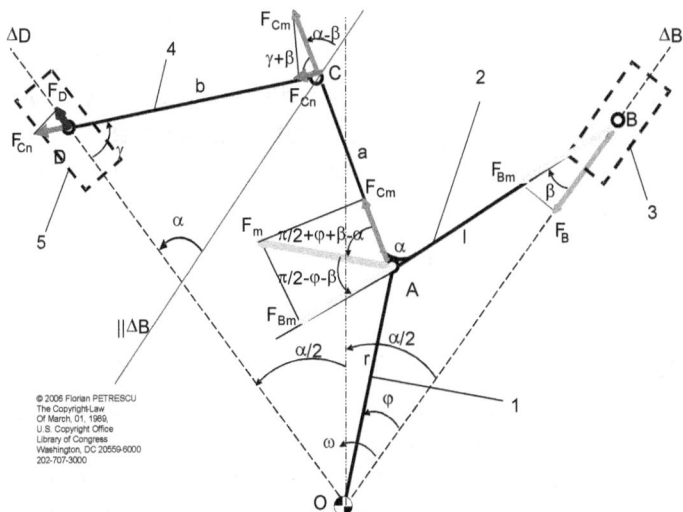

V Motors' Kinematics and Dynamics Synthesis by the Constructive Angle Value (α); Forces Distribution, Angles, Elements and Couples (Joints) Positions; a+b=l

Fig. 1. *Schema cinematică a unui motor în V (caz general)*

21

Prezenta lucrare propune sintetizarea acestui unghi după criterii cinematico-dinamice riguroase, astfel încât motorul în V rezultat să lucreze silenţios, cu vibraţii şi zgomote mult mai reduse. Acesta este chiar dezavantajul principal al unui motor în V şi anume faptul că el lucrează cu vibraţii mai ridicate comparativ cu un motor în linie de aceeaşi putere [1, 6-12].

Autorii prezentei lucrări au studiat timp de mai mulţi ani împreună cu un colectiv de cercetare mixt (IPB-Intreprinderea Autobuzul) comportamentul dinamic al motoarelor în V [6-8], nivelul de vibraţii şi zgomote produse, nivelul celor transmise în interiorul autovehiculelor, posibilitatea limitării acestora prin diferite soluţii de prindere şi izolare a motorului respectiv. Rezultatele au fost bune dar nu foarte bune. După măsurători similare efectuate pe alte tipuri de motoare s-a hotărât utilizarea unor motoare în linie, mult mai silenţioase decât cele în V. Între timp motoarele s-au îmbunătăţit dar şi standardele internaţionale care limitează nivelele de vibraţii şi zgomote au devenit tot mai pretenţioase.

Motorul în V, are foarte mulţi iubitori, el fiind mai compact, mai dinamic, mai robust, mai puternic, şi funcţionând cu randamente superioare faţă de motoarele similare în linie. Fanii săi nu sunt însă numai iubitorii de curse, motocicliştii şi obişnuinţa, existând în realitate un public larg consumator care nu doreşte decât maşini echipate cu motoare nervoase în V (Ca să-i împăcăm şi pe ei dar şi pe cei care fac normele de limitare a emisiilor autoturismelor, am gândit această lucrare menită să aducă o soluţie echitabilă în ceea ce priveşte motoarele în V).

5.1.1. Ideia de bază

După zeci de ani de muncă în domeniul mecanismelor şi al maşinilor, prin experienţa acumulată, am observat un fapt interesant. La motoarele în linie transmiterea forţelor şi a vitezelor se face normal şi de la arborele conducător (motor) la pistoane (prin intermediul bielelor) şi invers (în timpii motori). La motorul în V transmiterea forţelor şi a vitezelor între elemente se face forţat şi inegal indiferent de sensul de transmitere (de la manivelă la pistoane, sau de la pistoane la manivelă).

Dinamica impusă pistonului principal este una, iar cea impusă pistonului secundar este alta, astfel încât vitezele dinamice (vitezele reale impuse) diferă şi odată cu ele şi feetbackul pistoanelor către manivelă (către arborele motor), ca şi cum fiecare ar dori să impună o altă viteză pentru arborele principal. Dacă aşa stau lucrurile la o pereche de pistoane, pentru mai multe perechi de pistoane smuciturile rezultante în funcţionare vor fi mai multe şi mai mari, producând vibraţii şi zgomote suplimentare, în timpul funcţionării motorului.

Soluţia evidentă este optimizarea dinamică a fiecărei perechi de pistoane în parte.

Această optimizare s-a făcut pe baza coeficienţilor dinamici ai fiecărui piston. Coeficientul dinamic al unui piston arată cu cât variază viteza unghiulară reală (dinamică) a manivelei comparativ cu viteza unghiulară medie impusă de turaţia arborelui motor. Această variaţie [3, 4] se datorează mai multor factori cinematici, cinetostatici şi dinamici, fiind ea însăşi o funcţie şi de parametrii constructivi ai motorului.

La mecanismele obişnuite avem un singur coeficient dinamic, aşa cum se întâmplă şi la motoarele în linie. La motorul în V apar doi coeficienţi dinamici impuşi manivelei şi deci şi arborelui motor de către cele două pistoane legate împreună (biela pistonului secundar se leagă de biela pistonului principal), (a se vedea figura 17). Cei doi coeficienţi dinamici diferă între ei şi îşi schimbă valorile permanent în funcţie de unghiul de poziţionare al manivelei (al arborelui motor).

Acest lucru arată că fiecare piston (cel principal şi cel secundar) încearcă să-şi impună arborelui principal dinamica sa, astfel încât rezultatul final este o funcţionare cu zbateri, deoarece cele două pistoane trag „unul hăis şi altul cea" (ca să folosim o expresie populară, clară, dar din păcate neacademică). Soluţia posibilă (singura, unica soluţie) este egalarea celor doi coeficienţi dinamici, astfel încât din doi să avem permanent numai un singur coeficient dinamic asemenea motoarelor în linie. Mai exact trebuie să scriem o relaţie matematică în care egalăm expresia coeficientului dinamic al motorului (pistonului) principal cu cea a motorului (pistonului) secundar (acum se poate observa faptul că motorul în V este construit din câte două motoare comasate; fig. 17). Relaţiile care rezultă sunt destul de complicate [5].

Optimizarea pe baza relaţiei obţinute se poate face în mai multe moduri. Cel mai firesc apare ca această optimizare să se facă ţinând cont de parametrii constructivi ai motorului în V, în special de unghiul constructiv alfa, care apare de două ori în schema cinematică a unui motor în V clasic: odată el reprezintă unghiul de montaj format de cele două axe ale celor două pistoane cuplate (unghiul format de axa de ghidaj a pistonului principal cu axa de ghidare a pistonului secundar); iar a doua oară acest unghi constructiv apare pe elementul 2 (biela pistonului principal) între cele două braţe ale elementului doi, AB şi AC.

5.1.2. Sinteza propriuzisă a motoarelor în V

5.1.2.1. Prezentare generală

În figura 17 este prezentată schema cinematică a unui motor în V. Manivela 1 se roteşte în sens trigonometric cu viteza unghiulară ω şi acţionează biela 2 care mişcă pistonul principal 3 de-a lungul axei ΔB, dar şi biela 4 care la rândul ei împinge sau trage pistonul 5 în lungul axei ΔD. Aici apare unghiul constructiv α între cele două axe ΔB şi ΔD.

Acelaşi unghi α este format de cele două braţe ale bielei 2; primul braţ are lungimea l, şi al doilea are lungimea a; această lungime a, adunată cu lungimea b a bielei 4 trebuie să recompună lungimea primei biele l (este o condiţie constructiv funcţională generală a motoarelor în V; pentru a elimina unghiul constructiv alfa care apare pe biela 2, se trece uneori la un caz particular în care braţul a este scurtat la valoarea particulară 0, caz în care lungimea b devine egală cu l, iar prelungirea a de pe prima bielă a motorului în V dispare astfel încât unghiul constructiv alfa de pe biela principală dispare şi el, rămânând valabil doar unghiul constructiv alfa dintre ghidajele celor două pistoane).

Forţa motoare a manivelei F_m este perpendiculară pe braţul r al manivelei, în A. O parte din ea (F_{Bm}) se transmite primului braţ al bielei 2 (dealungul lui l) către pistonul principal 3. A doua parte din forţa motoare (F_{Cm}) se transmite către

25

pistonul secundar 5, prin braţul al doilea al primei biele (dealungul lui a).

5.1.2.2. Forţe şi viteze

O parte x, din forţa motoare F_m, se transmite către primul piston (elementul 3) şi o altă parte din ea y, se transmite spre al doilea piston (elementul 5); suma celor două părţi x şi y este 1 sau 100% luată în procente.

Vitezele dinamice au aceeaşi direcţie cu forţele [3-5], spre deosebire de vitezele cinematice impuse de legăturile din cuple.

De la elementul 2 (prima bielă, primul ei braţ) se transmite către pistonul principal (elementul 3) forţa F_B şi viteza v_{BD}.

Viteza cinematică (impusă de cuple) a punctului B, are valoarea cunoscută v_B, [5], în general diferită de cea dinamică v_{BD}.

Pentru a forţa pistonul principal să aibă o viteză egală cu cea dinamică (reală), introducem conceptul de coeficient dinamic D_B, ($D_B=x.\cos^2\beta$) cu ($v_{BD}=D_B.v_B$), adică viteza dinamică este egală cu produsul dintre viteza cinematică şi coeficientul dinamic D_B. Viteza motoare (pe aceeaşi direcţie cu forţa motoare şi având acelaşi sens cu aceasta) este dată de relaţia ($v_m=r.\omega$).

În C, F_{Cm} şi v_{Cm} se proiectează în F_{Cn} şi v_{Cn}.

Acestea la rândul lor se proiectează în D pe axa ΔD, în F_D şi v_D (viteza dinamică a celui de al doilea piston). Viteza cinematică are o altă expresie s_{Dp}, cunoscută deasemenea. Introducem acum al doilea coeficient dinamic (datorat celui de al doilea piston), D_D [5], unde ($v_D=D_D.s_{Dp}$).

5.1.2.3. Determinarea coeficientului dinamic, D

Coeficientul dinamic al mecanismului, D, se impune întregului mecanism, el influenţând efectiv funcţionarea acestuia în frunte cu viteza de rotaţie a manivelei (arborele cotit). Pentru orice mecanism trebuie să avem practic un singur coeficient dinamic.

La motoarele în V coeficientul dinamic real este rezultatul unui compromis de moment (aleator) între valorile momentane ale celor doi coeficienţi dinamici diferiţi impuşi de cele două pistoane (motoare) diferite legate împreună în motorul în V (şi nu trebuie neapărat ca această valoare instantanee să fie o medie a celor două valori diferite). Din acest motiv funcţionarea generală a motoarelor în V este mai zgomotoasă.

Soluţia ideală (imediată) este evident aducerea celor doi coeficienţi dinamici la valori apropiate sau dacă este posibil chiar egale. În acest scop am egalat expresiile celor doi coeficienţi dinamici pentru a vedea ce soluţii există pentru rezolvarea ecuaţiei obţinute în alfa, α.

Expresia este complexă şi are mai multe variabile (diverşii parametrii constructivi ai motorului în V). S-a încercat o sinteză analitică cu ajutorul unui program de calcul complex, prin care s-a căutat gasirea soluţiilor generale alfa ale sistemului, indiferent de valorile celorlalţi parametrii constructivi, astfel încât coeficienţii dinamici să prezinte valori egale, iar motorul astfel construit (sintetizat) să funcţioneze fără şocuri şi vibraţii, fără zgomote şi cu o emisie de noxe redusă, cu randamente ridicate, cu puteri mari realizate chiar cu un consum mai mic de combustibil. Totul pe baza funcţionării normale (optime) a întregului lanţ cinematic format din arbore cotit, două pistoane motoare şi două biele, toate cuplate între ele şi în trei puncte legate şi la elementul fix.

5.1.3. Analiza dinamică

Analiza dinamică a sistemului, sau sinteza dinamică a motorului prin aceste relaţii complexe [5], a scos în evidenţă o plajă de valori pentru unghiul α, care conform teoriei expuse sunt susceptibile să ducă la sinteza unor motoare în V optime (a se vedea tabelul din figura 2).

α [GRAD]
0 – 8
12 – 17
23 – 25
155 – 156
164 – 167
173 – 179

Fig. 2. *Tabel cu valori preferenţiale ale unghiului alfa constructiv, pentru a realiza o sinteză optimă dinamică a motorului în V, indiferent de valorile celorlalţi parametri constructivi*

Pentru nişte parametri constructivi aleşi aleator (r=0.01 [m], l=0.1 [m], a=0.03 [m], b=0.07 [m]) şi o turaţie aleasă a arborelui motor de n=5000 [rot/min], obţinem trei diagrame diferite pentru deplasarea şi acceleraţia pistoanelor, corespunzătoare la trei unghiuri α alese aleator (5⁰, 75⁰ şi 95⁰), (a se vedea figurile 3-5).

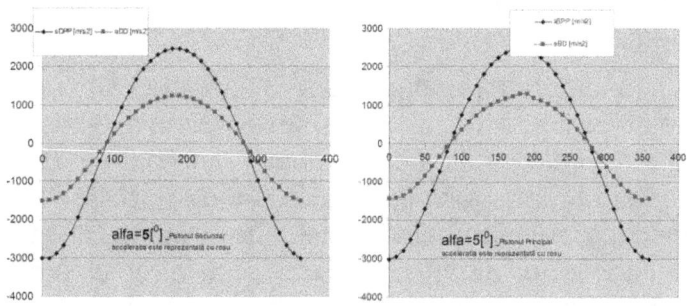

Fig. 3. *Deplasări şi acceleraţii dinamice (alfa=5 [deg]) ale pistoanelor*

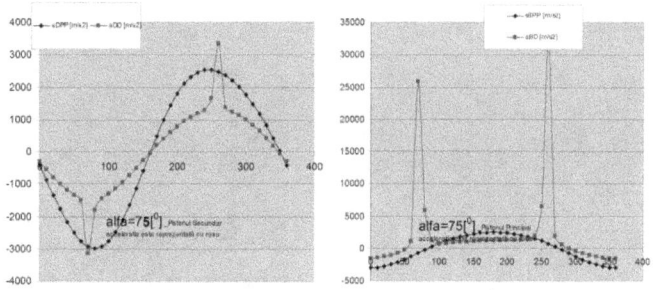

Fig. 4. *Deplasări şi acceleraţii dinamice (alfa=75 [deg]) ale pistoanelor*

În diagramele reprezentate în figurile 3-5, în stânga apare pistonul secundar, iar în dreapta se vede pistonul principal. Pentru a nu complica figurile s-au reprezentat în fiecare diagramă numai două componente ale pistoanelor respective şi anume deplasarea lor dinamică (cu culoare mai intensă) şi acceleraţia lor dinamică (ţinând cont şi de şocurile în funcţionare; cu un gri mai puţin intens).

Se precizează că ele au rezultat prin unificarea coeficienţilor dinamici, deci practic nu mai poate fi vorba de deplasarea, sau acceleraţia clasică din cinematica cunoscută.

În diagramele din figura 3 s-a ales un unghi constructiv alfa de 5 grade sexazecimale, situat în plaja de valori indicate de tabelul din figura 2 (5 se situează în intervalul indicat de 0-8 deg), astfel încât funcţionarea ambelor pistoane este liniştită, deplasările lor dinamice şi acceleraţiile lor dinamice fiind foarte apropiate de cele din cinematica clasică cunoscută; în plus aspectul diagramelor este unul sinusoidal simplu.

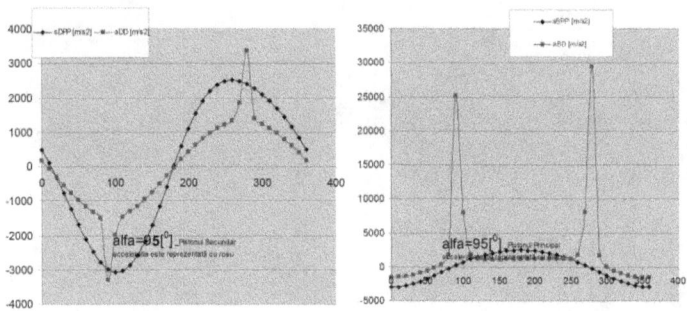

Fig. 5. *Deplasări şi acceleraţii dinamice (alfa=95 [deg]) ale pistoanelor*

În diagramele reprezentate în figurile 4 şi 5 cinematica dinamică s-a înrăutăţit mult pentru pistonul principal şi s-a deteriorat uşor pentru pistonul secundar; s-au ales pentru unghiul constructiv alfa două valori aleatoare, 75 şi 95 deg, situate în afara intervalelor indicate în tabelul 2, dar fiind valori apropiate de cele utilizate de multe ori în practică. Multe motoare în V au unghiul alfa constructiv de 90 deg, sau 95-100, ori 75-90. Aceste valori nu sunt indicate în tabelul 2, şi chiar dacă nu generează situaţiile cele mai critice (cum ar fi cazul pentru alfa=90 deg de exemplu) totuşi prezintă o funcţionare defectoasă, cu şocuri mari (mai ales pentru pistonul principal).

Valoarea de cinci grade se situează în plaja de valori indicate ca fiind corespunzătoare, astfel încât vârfurile acceleraţiilor abia dacă depăşesc valoarea de 1000 [m/s^2] la ambele pistoane (a se vedea diagramele din fig. 3).

Diagramele din figurile 4 şi 5 sunt oarecum asemănătoare (dar nu chiar identice) şi prezintă situaţii utile deasemenea, chiar dacă vârfurile acceleraţiilor au crescut la circa 3500 [m/s^2] pentru pistonul secundar şi aproximativ 30000 [m/s^2] pentru pistonul principal. Unghiurile de 75 şi 95 grade iată că pot fi şi ele folosite (cel puţin pentru parametrii constructivi indicaţi), lucru care va bucura desigur pe constructorii vechi şi împătimiţi ai motoarelor în V, care doresc o schimbare în bine fără prea multe modificări (există foarte multe motoare în V construite cu unghiuri alfa foarte apropiate de 90 grade care nu lucrează totuşi optim; acestea ar putea fi uşor modificate la valoarea optimă; probabil 95 grade, dar unghiul optim ar putea să se modifice puţin odată cu schimbarea parametrilor constructivi r, l, a, b; relaţiile exacte de calcul pot fi găsite şi în lucrarea [5]). Un motor în V care atinge local pentru pistonul principal (cel mai solicitat) 30000 [m/s^2] la o turaţie a arborelui conducător de 5000 [rot/min], (e vorba de un şoc local doar) va lucra similar cu motoarele în linie dar cu puteri şi randamente mai ridicate.

31

Totuşi utilizarea valorilor constructive indicate în tabelul din figura 2 pentru unghiul alfa, poate duce la construcţia unui motor în V mult mai silenţios decât cel în linie.

Precizare.

Diagramele de acceleraţii prezentate au fost construite pe baza unei metode originale, ele fiind rezultatul unor calcule complexe [5], şi reprezentând acceleraţiile dinamice (care conţin şi şocurile din funcţionare, adică vârfurile de acceleraţii instantanee); dacă şocurile sunt foarte mici, diagramele prezintă practic acceleraţiile; când şocurile sunt vizibile diagramele prezintă acceleraţiile şi vârfurile acestora; atunci când şocurile sunt mari sau foarte mari diagramele vor înregistra doar şocurile sistemului acceleraţiile mult mai mici (suprapuse) nemaiputându-se observa (aceste cazuri însă nu ar fi de dorit în funcţionarea motoarelor în V).

5.1.4. Observaţii şi concluzii

Cu valorile din tabel ale unghiului constructiv α, se poate sintetiza un motor în V mai silenţios, indiferent de valoarea pe care o au ceilalţi parametrii constructivi ai motorului în V.

O primă observaţie care rezultă din citirea valorilor indicate pentru unghiul alfa optim tabelat, este aceea că valorile apropiate de 90 grade nu apar, iar în general pentru aceste valori (dealtfel des utilizate în practica motoarelor în V) programul de calcul arată o dinamică mult înrăutăţită pentru motorul care ar fi construit cu un unghi $\alpha=90$ grade.

Există posibilitatea găsirii unor valori particulare pentru unghiul α, care să ia şi alte valori (eventual chiar mai apropiate de unghiul de 90 grade) dar cu stabilirea unor valori particulare pentru toţi ceilalţi parametrii constructivi.

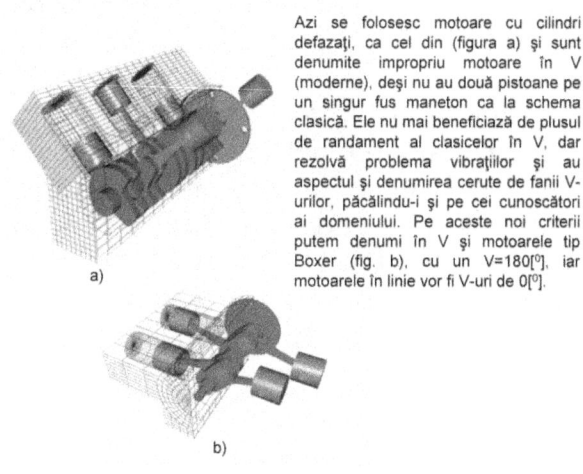

Azi se folosesc motoare cu cilindri defazaţi, ca cel din (figura a) şi sunt denumite impropriu motoare în V (moderne), deşi nu au două pistoane pe un singur fus maneton ca la schema clasică. Ele nu mai beneficiază de plusul de randament al clasicelor în V, dar rezolvă problema vibraţiilor şi au aspectul şi denumirea cerute de fanii V-urilor, păcălindu-i şi pe cei cunoscători ai domeniului. Pe aceste noi criterii putem denumi în V şi motoarele tip Boxer (fig. b), cu un V=180[⁰], iar motoarele în linie vor fi V-uri de 0[⁰].

a)

b)

Fig. 6. *Scheme de noi (pseudo)motoare în V*

În afara valorilor indicate apar şocuri foarte mari, care foarte greu pot fi izolate de cele mai moderne tampoane, astfel încât vibraţiile se fac simţite în habitaclul autovehiculului, aducând cu sine inconfort şi nesiguranţă, acestea din urmă fiind amplificate şi de zgomotele nefireşti care se produc în urma unor şocuri atât de mari.

Deoarece valorile propuse în tabel sunt (cel puţin pentru început) dificil de realizat de către constructorii de motoare în V şi greu de acceptat de motoriştii pentru care unghiul trebuie dat doar de numărul de cilindri şi de condiţia de obţinere a aprinderilor uniform repartizate, autorii acestei lucrări propun antamarea încercărilor prin soluţii particulare armonizate (vezi şi [5]).

O observaţie importantă ar mai fi aceea că astăzi se folosesc scheme noi (a se observa figura 6, a) de motoare în V, care pentru a elimina vibraţiile au montat un singur piston pe un fus maneton şi au înclinat axele la pistoane una spre dreapta alta spre stânga pentru a da aspectul de motor în V; este vorba de un pseudo-motor în V deoarece nu mai avem două pistoane pe un fus maneton (pe o manivelă) iar plusul de randament dispare fiind înlocuit cu cilindree sporite pentru ca motoarele să fie puternice şi dinamice (nervoase). La fel de bine am putea utiliza motoare în linie sau cu cilindri opuşi (boxeri) spunând că avem un V de 0 respectiv 180 [⁰] (vezi 6, b).

5.1.5. Relaţiile de calcul

Forţa motoare la manivelă F_m este perpendicular pe raza manivelei r, în A. O parte din ea (F_{Bm}) se transmite primului braţ al bielei principale 2 (în lungul lui l) către pistonul principal 3 (relaţia 1). O altă parte din forţa motoare la manivelă, (F_{Cm}) se transmite către pistonul secundar 5, în lungul celui de al doilea braţ al bielei principale 2 (pe direcţia lui a, conform relaţiei 2).

$$F_{B_m} = x \cdot F_m \cdot \cos[\frac{\pi}{2} - (\varphi + \beta)] =$$
$$= x \cdot F_m \cdot \sin(\varphi + \beta)$$
(1)

$$F_{C_m} = y \cdot F_m \cdot \cos[\frac{\pi}{2} + \varphi + \beta - \alpha] =$$
$$= y \cdot F_m \cdot \sin(\alpha - \varphi - \beta)$$

(2)

Nişte procente x din forţa motoare F_m, se transmit către pistonul principal 3, şi alte procente y din ea se transmit către pistonul secundar 5; suma dintre x şi y trebuie să aibă mereu valoarea 1 sau procentual valoarea 100%.

Vitezele dinamice au aceleaşi direcţii cu forţele corespunzătoare lor (relaţiile 3 şi 4).

$$v_{B_m} = x \cdot v_m \cdot \cos[\frac{\pi}{2} - (\varphi + \beta)] =$$
$$= x \cdot v_m \cdot \sin(\varphi + \beta)$$

(3)

$$v_{C_m} = y \cdot v_m \cdot \cos[\frac{\pi}{2} + \varphi + \beta - \alpha] =$$
$$= y \cdot v_m \cdot \sin(\alpha - \varphi - \beta)$$

(4)

De la elementul doi (prima bielă, braţul ei principal) către pistonul principal 3 se transmite forţa F_B (relaţia 5) şi viteza dinamică v_{BD} (relaţia 6).

$$F_B = F_{B_m} \cdot \cos\beta =$$
$$= x \cdot F_m \cdot \sin(\varphi + \beta) \cdot \cos\beta$$

(5)

$$v_{B_D} = v_{B_m} \cdot \cos \beta =$$
$$= x \cdot v_m \cdot \sin(\varphi + \beta) \cdot \cos \beta \qquad (6)$$

Viteza cinematică cunoscută impusă de cuplele cinematice ale mecanismului se exprimă prin relaţia 7.

$$v_B = v_m \cdot \sin(\varphi + \beta) \cdot \frac{1}{\cos \beta} \qquad (7)$$

Pentru a forţa viteza pistonului să atingă valoarea dinamică prezisă, se introduce coeficientul dinamic D_B (conform relaţiei 8):

$$D_B = x \cdot \cos^2 \beta \qquad (8)$$

Unde,

$$v_{B_D} = D_B \cdot v_B \qquad (9)$$

$$v_m = r \cdot \omega \qquad (10)$$

Acum se vor putea scrie relaţiile cinematice şi pentru cel de al doilea piston. În C, F_{Cm} şi v_{Cm} se proiectează în F_{Cn} (relaţia 11) şi respectiv v_{Cn} (relaţia 12).

$$F_{C_n} = F_{C_m} \cdot \cos(\gamma + \beta) =$$
$$= y \cdot F_m \cdot \sin(\alpha - \varphi - \beta) \cdot \cos(\gamma + \beta) \qquad (11)$$

$$v_{C_n} = v_{C_m} \cdot \cos(\gamma + \beta) =$$
$$= y \cdot v_m \cdot \sin(\alpha - \varphi - \beta) \cdot \cos(\gamma + \beta) \qquad (12)$$

Forţa ce se transmite în lungul celei de a doua biele (F_{Cn}) se proiectează în D pe axa ΔD sub forma F_D (conform relaţiei 13).

$$F_D = F_{C_n} \cdot \cos\gamma =$$
$$= y \cdot F_m \cdot \sin(\alpha - \varphi - \beta) \cdot \cos(\gamma + \beta) \cdot \cos\gamma \qquad (13)$$

Viteza dinamică în D este dată de relaţia (14):

$$v_D = v_{C_n} \cdot \cos\gamma =$$
$$= y \cdot v_m \cdot \sin(\alpha - \varphi - \beta) \cdot \cos(\gamma + \beta) \cdot \cos\gamma \qquad (14)$$

Viteza cinematică clasică a lui D impusă de cuplele cinematice este dată de relaţia (15):

$$\dot{s}_D = v_D = \frac{v_m}{\cos\gamma \cdot l \cdot \cos\beta} \cdot$$
$$\cdot [l \cdot \cos\beta \cdot \sin(\gamma + \alpha - \varphi) - a \cdot \cos\varphi \cdot \sin(\gamma + \beta)] \qquad (15)$$

Coeficientul dinamic în D se determină cu relaţiile (16):

$$\begin{cases} D_D = \dfrac{N}{n} \\ N = (1 - x) \cdot l \cdot \sin(\ \alpha - \varphi - \beta\ ) \cdot \cos(\ \gamma + \beta\ ) \cdot \cos^2 \gamma \cdot \cos \beta \\ n = l \cdot \cos \beta \cdot \sin(\ \gamma + \alpha - \varphi\ ) - a \cdot \cos \varphi \cdot \sin(\ \gamma + \beta\ ) \end{cases} \qquad (16)$$

Se pune condiţia unificării coeficienţilor dinamici într-unul singur, D (conform relaţiilor 17):

$$\begin{cases} D = D_D = D_B \Rightarrow x = \dfrac{N_x}{n_x} \\ N_x = l \cdot \sin(\ \alpha - \varphi - \beta\ ) \cdot \\ \quad \cdot \cos(\ \gamma + \beta\ ) \cdot \cos^2 \gamma \\ n_x = l \cdot \cos^2 \beta \cdot \sin(\ \gamma + \alpha - \varphi\ ) - \\ \quad - a \cdot \cos \beta \cdot \cos \varphi \cdot \sin(\ \gamma + \beta\ ) + \\ \quad l \cdot \sin(\ \alpha - \varphi - \beta\ ) \cdot \cos(\ \gamma + \beta\ ) \cdot \cos^2 \gamma \\ D = D_B = x \cdot \cos^2 \beta \end{cases} \qquad (17)$$

Din aceste condiţii care ţintesc unificarea celor doi coeficienţi dinamici D_B şi D_D într-unul singur D, se explicitează valoarea variabilei procentuale x (relaţia 17), în funcţie de valoarea parametrului constructiv alfa şi de ceilalţi parametri cunoscuţi.

B2.5. Bibliografie

[1] GRUNWALD B., *Teoria, calculul şi construcţia motoarelor pentru autovehicule rutiere*. Editura didactică şi pedagogică, Bucureşti, 1980.

[2] Petrescu, F.I., Petrescu, R.V., *Câteva elemente privind îmbunătăţirea designului mecanismului motor*, Proceedings of 8th National Symposium on GTD, Vol. I, p. 353-358, Brasov, 2003.

[3] Petrescu, F.I., Petrescu, R.V., *An original internal combustion engine*, Proceedings of 9th International Symposium SYROM, Vol. I, p. 135-140, Bucharest, 2005.

[4] Petrescu, F.I., Petrescu, R.V., *Determining the mechanical efficiency of Otto engine's mechanism*, Proceedings of International Symposium, SYROM 2005, Vol. I, p. 141-146, Bucharest, 2005.

[5] Petrescu, F.I., Petrescu, R.V., *V Engine Design*, Proceedings of International Conference on Engineering Graphics and Design, ICGD 2009, Cluj-Napoca, 2009.

[6]. FRĂŢILĂ, Gh., SOTIR, D., *PETRESCU, F.*, *PETRESCU, V.*, ş.a. *Cercetări privind transmisibilitatea vibraţiilor motorului la cadrul şi caroseria automobilului*. În a IV-a Conferinţă de Motoare, Automobile, Tractoare şi Maşini Agricole, CONAT-matma, Braşov, 1982, Vol. I, p. 379-388.

[7]. MARINCAŞ, D., SOTIR, D., *PETRESCU, F.*, *PETRESCU, V.*, ş.a. *Rezultate experimentale privind îmbunătăţirea izolaţiei fonice a cabinei autoutilitarei TV-14*. În a IV-a Conferinţă de Motoare, Automobile, Tractoare şi Maşini Agricole, CONAT-matma, Braşov, 1982, Vol. I, p. 389-398.

[8]. FRĂŢILĂ, Gh., MARINCAŞ, D., BEJAN, N., FRĂŢILĂ, M., *PETRESCU, F.*, *PETRESCU, R.*, RĂDULESCU, I. *Contributions a l'amelioration de la suspension du groupe moteur-transmission*. În buletinul Universităţii din Braşov, Seria A, Mecanică aplicată, Vol. XXVIII, 1986, p. 117-123.

[9]. Fjoseph L. Stout – Ford Motor Co., I. *Engine Excitation Decomposition Methods and V Engine Results*. In SAE 2001 Noise & Vibration Conference & Exposition, USA, 2001-01-1595, April 2001.

[10]. D. Taraza, "Accuracy Limits of IMEP Determination from Crankshaft Speed Measurements," *SAE Transactions, Journal of Engines* 111, 689-697, 2002.

[11]. FROELUND, K., S.C. FRITZ, and B. SMITH., *Ranking Lubricating Oil Consumption of Different Power Assemblies on an EMD 16-645E Locomotive Diesel Engine*. Presented at and published in the Proceedings of the 2004 CIMAC Conference, Kyoto, Japan, June 2004.

[12]. Leet, J.A., S. Simescu, K. Froelund, L.G. Dodge, and C.E. Roberts Jr., *Emissions Solutions for 2007 and 2010 Heavy-Duty Diesel Engines*. Presented at the SAE World Congress and Exhibition, Detroit, Michigan, March 2004. SAE Paper No. 2004-01-0124, 2004.

39

www.ingramcontent.com/pod-product-compliance
Lightning Source LLC
Chambersburg PA
CBHW051301170526
45165CB00004B/1802